AF475460

IDÉES RURALES

PAR

R. A.

DE LA SOCIÉTÉ DES AGRICULTEURS DE FRANCE

LAVAL-PALIÈRE

Canton de Barjols (Var). — Mai 1897

MARSEILLE
IMPRIMERIE MARSEILLAISE
39, rue Sainte, 39

1897

IDÉES RURALES

PAR

R. A.

DE LA SOCIÉTÉ DES AGRICULTEURS DE FRANCE

LAVAL-PALIERE

Canton de Barjols (Var). — Mai 1897

MARSEILLE
IMPRIMERIE MARSEILLAISE
39, rue Sainte, 39
1897

IDÉES RURALES

I

On ne saurait trop le dire et le redire : la stabilité des races est dans l'agriculture ; leur progrès, dans l'émigration, la colonisation, quand les races sont nombreuses, fortes, énergiques.

La France n'a pas l'expansion d'émigration des races anglo-saxonnes, russes, espagnoles, portugaises, allemandes. — On dit communément, même en France, que la race française faiblit.

Pour obtenir la stabilité d'une race dans l'agriculture et son progrès subséquent, il faut que la loi favorise la stabilité du foyer rural, du foyer agricole.

Ce n'est pas le fait de notre loi.

Pour avoir de nombreux foyers ruraux, des familles rurales stables, le Code civil doit être modifié.

Il faut en prendre résolument son parti, sans préjugés.

Il faut s'inspirer des bonnes et vieilles coutumes, adaptées aux temps où nous vivons.

La constitution de ce que l'on pourrait appeler le *Fief démocratique* est indispensable. Je dis « fief », parce qu'il y a un « seigneur » de qui on le tiendrait ; l'Etat, en effet, est vraiment le seigneur : toujours avide, par suite de la difficulté des temps engendrée par la politique ; quelquefois injuste, par les actes de ses ministres.

Il ne faut pas se méprendre sur ce nom de seigneur donné à l'Etat.

Seigneur ne veut pas dire propriétaire, mais bien qui a des droits seigneuriaux, au nom duquel sont concédés des droits par des lois, en vertu d'un domaine et d'un pouvoir supérieur.

L'Etat est une entité comme l'est la famille, L'Etat, pour nous, c'est la France, réalité historique et territoriale, la France, notre vrai seigneur, non pas propriétaire du sol appartenant à des particuliers, mais ayant de vrais droits seigneuriaux, exigeant l'impôt du sang, le service militaire obligatoire et universel, — l'impôt en argent sur tout.

C'est en son nom qu'on rend la justice. On doit le service militaire obligatoire et universel à la France, non au président de la République, au ministre de la guerre, ou de la marine. On doit les impositions, non au chef de l'Etat, au ministre des finances, mais à la France. — Le chef de l'Etat, les ministres, les magistrats, les fonctionnaires ont un salaire pour servir la France. N'oublions pas que nous sommes une

République et que ces principes s'appliqueraient encore à une monarchie héréditaire.

La France, l'Etat, a donc un gouvernement, pouvoir exécutif et ministres, qui sont ou doivent être des serviteurs comme tous les fonctionnaires ; ils ne se servent pas, ils servent.

On doit servir, on sert le pays.

Ce n'est pas un mince enseignement, quand, dans le domaine élevé de la religion, le pape se nomme et se déclare : le serviteur des serviteurs.

C'est un beau titre du chef visible de l'Eglise, chef infaillible.

Quelle haute doctrine pour les pouvoirs civils, partout, et pour les peuples !

Le mot Fief démocratique, appliqué au domaine rural stable du paysan, indiquerait une réalité qui est à établir.

Ce serait une propriété constituée de par la loi, avec des droits spéciaux reçus de l'État, s'appliquant exclusivement à elle, dans l'intérêt général du pays, de sa force ; et créant un domaine rural spécial et stable pour le paysan, — s'il le veut ainsi.

Pays, Paysan, ça dit tout.

Que ces appellations de seigneur et de fief soient prises dans leur signification actuelle, ne rappelant en rien le passé. — On envisage dans le présent ce passé, malgré sa valeur réelle de formation, avec des préjugés rétrospectifs qui n'ont rien à voir dans notre temps.

Les mots certainement ont leur valeur, mais les choses sont toujours plus réelles que les mots.

Il faut donc **qu'étant déterminée la contenance maximum qui peut constituer le foyer rural de la famille du paysan, la liberté testamentaire soit établie pour ce Fief démocratique qui ne pourrait être hypothéqué;**

Qu'il soit affranchi, autant que possible, des droits de succession et surtout, par cette liberté testamentaire, des licitations successorales ruineuses, emportant les familles, les foyers, dispersant les minces ressources des paysans, exterminant leur race.

La quotité disponible, les lois testamentaires et successorales seraient maintenues pour les immeubles urbains, pour les valeurs mobilières, argent, actions, obligations, prêts hypothécaires ou chirographaires, etc.

Arrêtons l'émigration vers les grandes villes; repeuplons les villages et les campagnes: voilà le but et le moyen.

La richesse de la terre, la production, la vie à bon marché, la constitution du pécule économisé, la réserve métallique privée, le travail, les arts, les métiers, l'avenir du pays, de la population et de l'armée, sont à ce prix.

S'il n'y a plus de paysans, il n'y aura plus de métiers et de soldats.

Pour qu'un peuple se maintienne, il faut surtout des paysans, des artisans et des soldats.

Les paysans, base fondamentale et vivante de la nation,

comme la terre en est la base matérielle, méritent, à juste titre, la plus grande protection. Cette qualité de paysan devrait donc devenir un vrai titre, objet de considération et non de mépris, d'injurieux oubli, d'inconsciente négligence. — Si j'osais, je dirais volontiers ceci, mais serais-je compris? Je voudrais que le paysan possesseur et propriétaire de ce Fief rural démocratique, devînt ainsi un vrai gentilhomme dans le sens familial du mot, chef d'une *gens*, comme disaient les anciens, avec le culte du foyer.

Le peuple est l'océan humain dont tout sort.

De même que le soleil absorbe dans les océans les pluies bienfaisantes qui fécondent la terre, ainsi la Providence absorbe, dans cette immense mer populaire, les aptitudes aux diverses conditions spéciales qui composent un peuple fort.

Tout sort de cet élément générateur : clergé, noblesse, magistrats, soldats, commerce, industrie, artistes, artisans, ouvriers et paysans.

Ce tout aggloméré puissamment, étroitement uni par la nationalité, forme un peuple.

L'agriculture, la terre, le foyer rural stable, sont la base inébranlable des familles souches rurales.

Ces familles sont la source féconde d'un peuple pouvant s'écrier alors: *Pro aris et focis*, quand il s'agira de défense nationale.

Sully disait avec raison : *Labourage et pâturage* sont les mamelles de la France ; les mamelles se dessèchent, la stérilité arrive.

La liberté testamentaire, seule, peut reconstituer le foyer rural ; sans cela il n'existera plus bientôt.

Dans les familles rurales, les enfants qui abandonnent le foyer familial pour chercher fortune sont en quelque sorte avantagés. S'ils se sentent des aptitudes spéciales, une honorable ambition, par cette liberté ils en profitent pour consacrer à leurs besoins, à leurs économies ce que leur procure leur industrie, c'est comme un acheminement vers ce progrès des races énergiques, l'émigration, la colonisation.

Plusieurs peuvent s'enrichir par leur énergie personnelle et, à l'heure du repos bien gagné, revenir à la terre par goût atavique, nouvel afflux de repeuplement rural, fondant de nouveaux foyers.

Quand la France sera couverte de foyers ruraux stables, qui ne seront plus si facilement, si fréquemment ou forcément offerts à la vente, l'offre de la terre étant inférieure à la demande, il s'ensuivra que la valeur de la terre augmentera.

Si la terre vaut 1 aujourd'hui qu'elle est presque abandonnée, qu'on en est en quelque sorte chassé par les lois, elle vaudrait alors 2, 3 ; donc, la valeur du sol français doublerait ou triplerait.

La population s'augmenterait aussi, car le paysan, le petit propriétaire rural, assise solide du pays, a besoin d'enfants et non de valets coûteux pour cultiver sa terre.

Avec un foyer stable rural, assuré à la continuité de la famille, on peut, à ce foyer démocratique, source féconde de la population, de la richesse nationale, consacrer, sans préoccupation de l'avenir, des sacrifices d'argent et de labeurs.

Ils ne seront pas perdus pour la famille stable, ils ne tomberont plus dans ce que l'on pourrait appeler aujourd'hui, avec les mutations fréquentes, les abandons de la terre, la *tirelire des Danaïdes*, c'est-à-dire une sorte de panier percé où les ressources et les labeurs de la famille instable disparaissent pour ne plus profiter à bref délai à la famille qui les a enfouis.

Il est urgent d'appliquer le remède.

Répétons-le, il faut des agriculteurs, des paysans, pour que le pays ait des hommes et des soldats.

Il faut que le père de famille soit vraiment le magistrat des siens.

Le père est pour le moins un juge de paix de droit divin, pour cette famille souche rurale et ce foyer rural démocratique.

II

Assez de professions dites libérales, probablement parce qu'elles exigent des autres de très grandes libéralités pour les satisfaire et les enrichir ; alors que la terre est négligée, parce qu'on la trouve dure au labeur et peu libérale au salaire.

Aussi les moins bien doués, les médiocrités, ceux qui réussissent le moins dans les carrières dites libérales, veulent-ils tous décrocher un siège au parlement et gouverner.

Ne peut-on pas dire qu'ils gouvernent quelquefois ?

Ce sont les professions dites libérales qui nous gouvernent ; avocats et médecins se sont abattus sur la politique et le parlement, sur les fonctions largement rétribuées.

Tout est encombré de médecins, d'avocats, de professeurs, d'ingénieurs.

De la politique, de l'administration, de la bureaucratie, aux missions dites scientifiques, tous s'inquiètent aussi peu de la terre de France que si elle n'existait pas. On veut des places.

La terre ! fi donc ! La propriété rurale, valeur démodée ! C'est bon pour les chasses bien *gardées*, nous serons des invités.

Il y a trop de fonctionnaires, trop de fonctions sédentaires, trop de ronds de cuir.

Bon nombre d'entre eux occupent inutilement le terrain sans rien produire, vivant sur le labeur, sur les sacrifices des autres, sur le budget s'enflant toujours et toujours, par la force de ces choses, plus exigeant, plus avide.

Cet état social nous met en présence d'une terre de France s'appauvrissant, à mesure que les exigences du fisc s'imposent et augmentent.

Pauvreté et dépenses ne peuvent marcher ensemble, sans amener des dettes exagérées et la ruine au bout.

Les professionnels des fonctions publiques sont trop nombreux, ils coûtent trop pour faire peu.

Là où il y a des fonctionnaires payés cher et en grand nombre, étrangers à la province, au canton, y arrivant inconnus, il pourrait y avoir, sous un chef responsable de ses choix, des employés en plus petit nombre, du lieu même où ils exerceraient leur emploi, coûtant beaucoup moins au Trésor, se contentant d'ajouter un modeste salaire à leurs ressources personnelles, près de leurs foyers, de leurs biens médiocres, de leur petit avoir et voyant augmenter ainsi leur aisance, à leur très grande satisfaction, sans autre ambition.

Ce système économique rétribuerait des responsabilités plus sûres en face de concitoyens qui les connaissent et sont juges de leur moralité, de la moralité de leurs familles.

Il n'y aurait plus deux peuples en présence, les fonctionnaires et les administrés, j'allais dire des maîtres et des sujets.

La fortune rurale y gagnerait encore.

Nous ne sommes plus au temps de Napoléon, trouvant une société démolie, la reconstruisant de toutes pièces, par sa volonté césarienne ; nous sommes une société démocratique, encore liée et soutenue par une armature despotique et centralisatrice.

Il faut rompre avec ces vieux liens.

A défaut d'intelligences, des formules et des imprimés nous administrent avec des lenteurs de tortue.

Nous nous traînons dans des routines bureaucratiques, nous les prenons pour des routes nationales, oubliant que les chemins de fer ont abrégé les distances, qu'il y a partout des téléphones, que l'électricité est un facteur qui n'a dit que son premier mot.

Les bureaucrates sont les maîtres, partout, en administration, en travaux publics, dans l'armée, dans la marine, en agriculture, en commerce, en industrie, en justice.

Nous n'avons passé ni la Manche ni l'Atlantique, nous nous traînons sur des volumes d'ordonnances, de circulaires, de lois existantes, *caput mortuum* d'une routine ataxique.

Il est inutile de parler du passé ; mais voilà bien un quart de siècle écoulé d'un gouvernement nouveau, rien n'est changé et l'on se demande où sont les réformes.

On ne voit que se superposer des couches nouvelles de fonctionnaires émargeant au budget. Quel accroissement de fonctionnaires depuis vingt-cinq ans !

Le peuple des paysans tend à disparaître.

Les prétoriens des fonctions publiques, rétribués par l'argent du fisc et des impôts, augmentent sans cesse de nombre ; nous paraissons marcher vers les temps où les curiales de la fin de l'Empire romain dans les Gaules étaient contraints de suffire, sous le poids de leur misère, aux besoins improductifs des nombreux fonctionnaires et des soldats de la décadence, dont ils furent délivrés, à leur satisfaction, par l'invasion et les Francs. M. Guizot a fait un saisissant tableau de cette époque néfaste ; elle tend à renaître ; il n'est pas de ministre, en nos jours, qui ne le sache et n'ait conscience de la paralysie de ses désirs intimes.

Avec tant de moyens de transport, de communications faciles et rapides, on se demande pourquoi les provinces, si bien indiquées, ne remplacent pas les départements, réduisant et simplifiant des ressorts rouillés.

C'est partout un désir immense de liberté d'association, de

décentralisation, réclamant la circulation facile de la vie dans le pays paralysé.

Mais les politiciens, sous prétexte de libertés politiques, font litière de toutes les libertés civiles, les redoutent même ; ils n'ont qu'un but : les places, l'assiette au beurre.

Et toujours on a soif de justice et de liberté et rien ne vient étancher cette soif.

On est effrayé de la dépopulation ; partout des statistiques attristantes se dressent : donnez-nous des familles, donnez-nous des enfants, crient les penseurs des villes, dans leurs cabinets.

Ce serait le moment de leur répondre ; Or, sus, il faut agir sans retard, sans tant pérorer inutilement. Exigeons de bonnes lois. Rétablissons les causes, nous aurons les effets.

III

Une des causes de la décadence rurale et de la dépopulation est encore dans la loi militaire.

Il faut envisager froidement cette question et descendre au fond.

Le service militaire obligatoire et universel s'impose à la France, dans les circonstances actuelles amenées par trop de fautes politiques connues et dont il est inutile de parler.

Mais, s'il s'impose, il peut et doit être organisé plus

utilement et pratiquement pour le pays ; plus économiquement et surtout plus efficacement pour sa défense.

Il s'agit de nuire le moins possible au repeuplement, assurant le fonctionnement puissant et permanent de l'armée.

Le service militaire doit être modifié dans ses modes d'application, c'est une question vitale.

Il faut, avant tout, à un peuple comme celui de France, avec ses vieux souvenirs militaires, son rôle dans le monde, ses espérances, il faut une solide armée de professionnels s'engageant pour longtemps. — Vingt ans, c'est indispensable.

On peut être soldat de vingt à quarante ans, en s'améliorant physiquement et moralement jusqu'au bout au point de vue militaire ; après, on a droit à la retraite et, à quarante ans, on peut fonder une famille, établir un nouveau foyer où seront des souvenirs d'honneur qui montreront la voie aux enfants. Les officiers ne sont-ils pas des professionnels de trente ans, de quarante ans et plus ? Pourquoi n'y a-t-il pas aussi des soldats professionnels?

Ces professionnels, maniables comme une arme de précision, seraient, en tout temps, une pépinière de sous-officiers de choix et même d'officiers pour les armées, et d'admirables soldats. — A côté de ces professionnels, élite de l'armée nationale, le contingent annuel par voie de tirage au sort des conscrits de la classe serait divisé en deux fractions :

Une fraction, la moins nombreuse, appelée sous les

drapeaux pendant trois ans : *l'armée active*, prise de préférence dans les villes, à l'habitation desquelles les appelés sont façonnés par leur vie, leurs occupations, leur métier et voués à y retourner.

L'autre, les *milices provinciales*, laissée dans ses foyers ruraux, comme en des garnisons permanentes.

Le remplacement militaire serait autorisé entre ces deux fractions du contingent annuel tirant au sort.

Les milices provinciales, c'est une tradition de nos anciennes coutumes, pourraient être exercées à intervalles dans leur chef-lieu de canton et, pendant quatre ans, feraient partie de l'armée active. Pour encadrer ces milices, il ne manquerait pas d'officiers, de sous-officiers de réserve, d'officiers, de sous-officiers professionnels. Les chemins de fer qui sillonnent la France peuvent transporter rapidement, partout et au plus près, des officiers et des sous-officiers pour l'instruction de ces milices, laissées dans leurs foyers, y travaillant, y produisant, libres de se marier ; exercées au maniement des armes aux jours choisis par l'autorité militaire compétente, bon juge des conditions nécessaires pour leur instruction.

La garde des armes serait confiée à la gendarmerie. Ces milices provinciales seraient organisées en compagnies, en bataillons, en régiments, par cantons et provinces, avec *des cadres d'officiers et de sous-officiers.*

Elles fixeraient les jeunes hommes de ces milices, cultivateurs indispensables, faisant leur éducation agricole en même temps que leur instruction militaire, comme en *des garnisons permanentes*, près de leurs intérêts et de leurs familles rurales.

On conserverait ainsi à l'agriculture, à la terre de France, le plus de bras possible, une production active, source féconde d'une richesse émanant du sol français, y attachant des jeunes hommes que les modes actuels et routiniers de recrutement en éloignent en leur donnant le goût, dangereux pour le pays, de l'habitation des villes.

Elles seraient mobilisées pendant quatre ans, chaque année, dans leurs unités prêtes à marcher ; et, comme elles seraient privilégiées, elles seraient astreintes à payer leur équipement, à se nourrir à leurs frais pendant les mobilisations annuelles, dont la durée serait fixée par l'autorité militaire. Elles accompliraient avec joie ces conditions, largement compensées par les avantages dont elles auraient joui, et cela sans préjudice de l'armée de réserve et de l'armée territoriale, continuant à avoir leur fonctionnement avec leur organisation.

L'agriculture bénéficierait de cette nouvelle loi militaire.

La dépopulation serait combattue, car les mariages formeraient rapidement de jeunes familles, espoir de l'avenir. Quand on veut entrer dans la voie des réformes, il faut commencer par ce qui est la base de l'Etat, par la famille.

IV

La réforme du régime odieux et nuisible des prisons pourrait aussi profiter, d'une part, à l'armée ; de l'autre, aux travaux publics utiles à la terre aujourd'hui délaissée, et en allégeant les charges du budget. Reconnaissons que la loi Bérenger a été un progrès, mais il faut aller plus avant.

Plus de jeunes détenus se corrompant à fond dans les maisons de correction.

Tous à l'armée de terre ou de mer, ou dans l'armée coloniale, quand elle existera.

A cette école de l'honneur, ils deviendraient de bons sujets.

Aux compagnies de discipline, les hommes valides.

Aux travaux publics dans les colonies, ceux qui sont solides et doivent être sérieusement punis.

En fait, tous les hommes, les bons ouvriers et travailleurs surtout, ne sont-ils pas astreints par la vie et pour la vie à des travaux forcés ? Pas de fausse sensiblerie pour les criminels.

Les vieux coupables, endurcis, inutilisables, devraient être destinés et condamnés au *domicile forcé*, dans leur pays, dans le lieu de leur naissance ; nourris par leurs parents ou par la charité ; sous la surveillance très rigoureuse de la gendarmerie, des autorités locales ; ne pouvant sortir qu'à certaines heures, avec interdiction d'aller aux lieux de réunions, aux cafés, etc.

Ils seraient ainsi placés sous les regards de leurs concitoyens ; on se les montrerait au doigt comme une leçon préservatrice du mal pour la jeunesse et pour les familles ; leur nombre diminuerait bientôt.

Quelle nécessité d'avoir des sortes de couvents cloîtrés de criminels, logeant et nourrissant mieux que les pauvres des êtres qui se dégradent de plus en plus ; et cela alors que l'on a essayé de ne plus avoir de monastères moins peuplés et donnant asile à de saints religieux, utiles à leurs semblables, se consacrant à la charité, à l'édification, au bien de leurs concitoyens ?

Quelle nécesité de couvrir d'une bure courte des bandits, de leur raser la tête, tonsure de honte, lorsqu'on a hésité à laisser la longue et noble robe de bure aux moines ? Il est bien entendu que, pour les grands criminels, la relégation serait maintenue.

L'ensemble de ces mesures contribuerait à la sécurité, à la stabilité des races dans l'agriculture, à leur moralité, il n'en faut pas douter. Elles provoqueraient le progrès de ces races assurant la colonisation.

Puisque la France a des colonies, elle doit songer sérieusement à leur donner autre chose qu'une colonisation, précaire et mouvante, de fonctionnaires ayant tous l'esprit de retour des pigeons voyageurs, avec l'attente d'une forte retraite.

Etudions donc, avant tout, ce qui doit favoriser la stabibilité du foyer rural : la famille rurale souche. Il faut constituer ce que l'on pourra justement nommer : *le Fief démocratique*, donnant à la patrie, par des familles nombreuses, des hommes, des producteurs, des colons et des soldats.

V

La patrie c'est la terre de France.

Il y a un grand enseignement dans la mort ; elle précipite sans cesse ses coups, elle dépeuple, tandis que la famille doit contribuer à repeupler.

La mort va à la terre de la patrie, son cadavre lui ajoute sa poussière ; dans cette tenure perpétuelle, il attend le jugement.

Il y a dans la mort une stabilité formidable ; elle devrait être un enseignement pour la continuité de la vie de la famille, pour la stabilité de la famille et du foyer.

Il faut couvrir la surface de la terre de la patrie, de familles stables s'y perpétuant, de même que les entrailles de cette terre de la patrie reçoivent sans cesse, à perpétuelle demeure, ceux qui sont séparés des vivants et cèdent leur place au soleil à leurs enfants.

Où il y a des tombes inviolables pour les morts, il faut des foyers stables pour les vivants.

VI

Le foyer stable, la famille stable, donc le mariage stable : voilà la base de l'édifice de la nation.

Il faut que la loi détestable du divorce, destructive du foyer stable, de la famille stable, soit abolie.

Cette odieuse importation juive, hélas ! si facilement et si étourdiment acceptée ou subie dans un jour d'erreur et de passion malsaine, doit être détruite.

La protection de la famille française doit aller, vis-à-vis de cette désagrégeante importation étrangère au génie français, jusqu'à la prohibition absolue.

Pour la famille française, dans la démocratie française, c'est une question de priorité dans la civilisation et l'honneur ; c'est la question : *être ou n'être pas*.

VII

En conséquence, de l'exposé de toutes ces considérations, en attendant et désirant les réformes successives modifiant les routines où la politique de compétitions des partis, pour la domination et les places, nous fait traîner, émettre le vœu suivant serait utile au premier chef et le pas le plus important dans la voie de la reconstitution :

Etant déterminée la contenance maximum qui peut constituer le foyer et domaine rural de la famille du cultivateur, la liberté testamentaire est établie, en ce qui concerne ce domaine rural affranchi de la condition fixant la quotité disponible, affranchi, autant que possible, des droits de succession, affranchi des licitations successorales ruineuses et ne pouvant être hypothéqué.

VIII

Et maintenant, si quelque légiste obstiné, quelque retardataire ou réactionnaire de notre siècle, dont la pensée est pourtant en progrès, bien qu'il montre trop d'hésitation à aborder l'action virile, venait à s'écrier : « Mais on veut ressusciter la mainmorte ! »

Nous lui répondrions : Oui, l'on veut ressusciter. Mais c'est justement parce qu'on est mort. — Qui oserait parler de mainmorte pour cette création, cette naissance du domaine rural stable, lorsque son possesseur voudra sa stabilité, mais pouvant être vendu en sa totalité suffisamment restreinte en sa contenance, au gré de son propriétaire, ayant aussi bien la liberté de l'aliéner que la liberté de tester pour ce domaine rural.

La race des paysans, aujourd'hui sacrifiée, diminue ; les familles des paysans, se meurent ; il leur faut la vie, la vie se renouvelant d'elle-même ; c'est la vie du pays.

Le paysan c'est la main vivante fécondant le sol de la France.

Il faut que cette main cesse d'être paralysée par des lois vieillies, s'attardant en des codes à rajeunir, dans une économie sociale oppressive et fausse, devenue inconsciente peut-être en sa routine.

Il faut que cette paralysie de l'agriculture, due également au concert usuraire des banquiers de la cité, des rois de l'or, imposant l'étalon d'or unique, maître impitoyable du peuple, à la place du bimétallisme protecteur populaire et démocratique ; abaissant de moitié la valeur des récoltes nationales par la puissance d'achat de l'or augmentée de moitié ; il faut que cette paralysie, cette calamité de l'étalon d'or unique, sévissant à l'état de fléau sur les paysans, soient écartées.

La puissante réserve métallique d'argent des paysans a été par eux supprimée, au grand détriment de l'Etat, qui avait autrefois là une encaisse et une réserve, comme celle de la Banque. Les titres divers ne constituent pas une réserve dans le vrai sens métallique du mot, ce sont des créances constatant une dette, sujettes à fluctuation et toujours soumises à réalisation.

La suppression de l'argent-monnaie est un désastre pour les agriculteurs et le pays. N'oublions pas que l'argent, monnaie facile et populaire, faisait prime au temps du bimétallisme, vieille loi monétaire abandonnée arbitrairement et sans réflexion au bénéfice de l'usure puissante.

Cette prépotence actuelle de la haute banque de l'or a réduit la circulation métallique à dix milliards d'or, à cause des réserves métalliques d'or des puissances ; réserves s'imposant à leur politique et qui sont également de dix milliards d'or, alors que cette circulation était autrefois, au temps du bimétallisme, de quarante milliards : vingt milliards d'argent et vingt milliards d'or.

Quel écart, de dix à quarante !

Les rois de l'or ont multiplié ainsi à leur profit seigneurial et maître les agios, les changes et les achats et les ventes, au détriment de l'agriculture et bientôt au détriment de l'industrie, car le tour de l'industrie arrive. Ils sont les maîtres de tout et tiennent le monde par la dette.

Combien avec raison pourrait-on répéter aujourd'hui les imprécations de Dante contre l'usure et les Cahorsins dans la *Divine Comédie*.

Il faut donc que cette oppression disparaisse et, pour lui opposer un rempart, avec l'espoir qu'une entente internationale libératrice rétablira le bimétallisme indispensable à la vie des peuples, **il faut, pour ressusciter la famille rurale, avenir de la patrie, il faut créer le domaine rural stable, le Fief démocratique agricole, forteresses populaires qui permettront au peuple des campagnes de revivre et de s'affirmer sous le soleil de Dieu.**

R. A.

LAVAL-PALIÈRE

Canton de Barjols (Var). — Mai 1897.

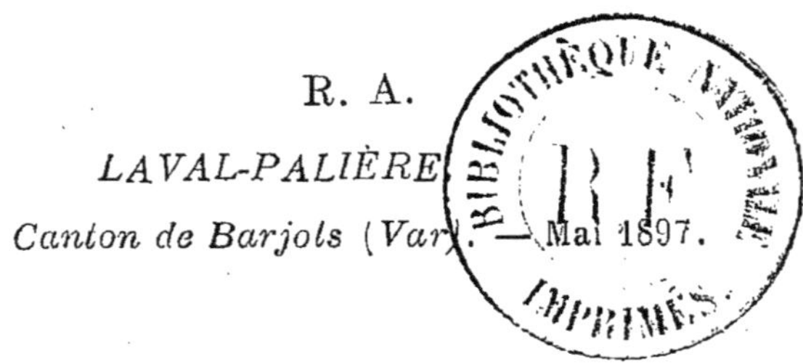

www.ingramcontent.com/pod-product-compliance
Ingram Content Group UK Ltd.
Pitfield, Milton Keynes, MK11 3LW, UK
UKHW020227200726
13856UKWH00004B/1637